《中国移动源标准实施系列知识手册》丛书

丛书主编 丁焰 / 副主编 倪红

移动源排放标准小知识

倪红　纪亮　主编

中国环境出版集团·北京

图书在版编目（CIP）数据

移动源排放标准小知识 / 倪红，纪亮主编．—北京：中国环境出版集团，2019. 12
（中国移动源标准实施系列知识手册丛书）
ISBN 978-7-5111-4243-6

Ⅰ. ①移…　Ⅱ. ①倪…②纪…　Ⅲ. ①移动污染源—排污—环境标准—中国—手册　Ⅳ. ① X501-65

中国版本图书馆 CIP 数据核字（2019）第 291738 号

出 版 人　武德凯
责任编辑　张维平
责任校对　任　丽
封面设计　彭　杉

出版发行　中国环境出版集团
（100062　北京市东城区广渠门内大街 16 号）
网　　址：http：//www.cesp.com.cn
电子邮箱：bjgl@cesp.com.cn
联系电话：010-67112765（编辑管理部）
发行热线：010-67125803，010-67113405（传真）
印　　刷　北京中科印刷有限公司
经　　销　各地新华书店
版　　次　2019 年 12 月第 1 版
印　　次　2019 年 12 月第 1 次印刷
开　　本　787×1092　1/32
印　　张　1
字　　数　30 千字
定　　价　12.00 元

前言

foreword

移动污染源（以下简称移动源，包括机动车、非道路机械、船舶、火车和飞机等）污染问题日益突出，成为空气污染的重要来源。2017年，我国对京津冀大气污染传输通道城市（以下简称“2+26”城市）的细颗粒物（$PM_{2.5}$）来源解析结果表明，移动源对 $PM_{2.5}$ 的贡献率为 10% ~ 50%。在极端不利的气候条件下，机动车排放对于本地污染积累的作用更为明显。同时，由于机动车大多行驶在人口密集区域，尾气排放直接威胁公众健康。党的十九大将生态环境保护提到了前所未有的重要高度，打赢蓝天保卫战、守住绿水青山是建设美丽中国的重要篇章。2018 年 12 月 30 日，生态环境部、国家发展和改革委员会、工业和信息化部、交通运输部、中国铁路总公司等 11 部门联合印发《柴油货车污染治理攻坚战行动计划》，柴油车污染治理成为打赢蓝天保卫战的重要战役。

环境保护标准作为实施生态环境管理的重要技术依据，在污染防治工作中发挥着重要作用。自 2000 年我国开始实施汽车国一标准，到目前已经全面实施国五标准，标准的逐步升级大幅度提高了污染排放控制要求，新生产汽车的单车污染物排放量较国一标准下降了 90% 以上，环保技术水平跨越了欧洲 20 多年的发展历程。2017 年，我国机动车保有量为 2.98 亿辆，比 2000 年增加了 4.55 倍，氮氧化物（NO_x）排放量为 574.3 万 t，仅比 2000 年增加了 0.49 倍；与不实施任何排放标准的情景相比，减少排放量约 1 200 万 t（78%）。

当前，移动源污染防治任务空前艰巨，从国家到地方，对环保监管能力都提出了更高的要求，相关环保监管人员亟须全面掌握移动源排放标准的内容、要求、测试方法、主要排放控制技术、关键环保装置等，确保在环保达标监管中精准发力、有效实施。

《中国移动源标准实施系列知识手册》丛书将分册出版，分别介绍移动源标准体系，汽车、摩托车和非道路移动机械等各类移动源排放标准，排放标准测试技术和排放控制技术等内容。该移动源标准知识科普丛书具有较强针对性和实用性，由中国环境科学研究院机动车排污监控中心组织技术力量研究编写，丛书主编为丁焰、副主编为倪红。

本书系统介绍了移动源排放标准的基本知识。其中第一章“移动源排放标准是什么”由倪红撰稿，主要对我国移动源的类型、排放概况、标准分类等进行介绍；第二章“移动源排放标准有哪些”由谷雪景编写，梳理了移动源标准体系结构和主要的现行有效标准；第三章“移动源排放标准实施进程是怎样的”由纪亮编写，汇总了我国各类移动源新车排放标准的各阶段实施时间。

本书在编写过程中，得到了马海燕、袁盈、逯海等专家的指导和单位同事的大力支持，齐晶对本书进行了美术编辑，出版社的多位同志也为本书的顺利出版付出了很大努力，在此致以诚挚的感谢。本书由国家重点研发计划（项目编号2016YFC0208000）资助出版。

由于作者的知识水平和能力有限，书中难免有不妥之处，恳请广大读者不吝赐教和指正。

编　者

2019 年 3 月于北京

目录

contents

第一章　移动源排放标准是什么

一、什么是移动源?

移动源是移动式空气污染源的简称，泛指位置可以移动的污染源。通常，将各类移动源统称为机动车船。

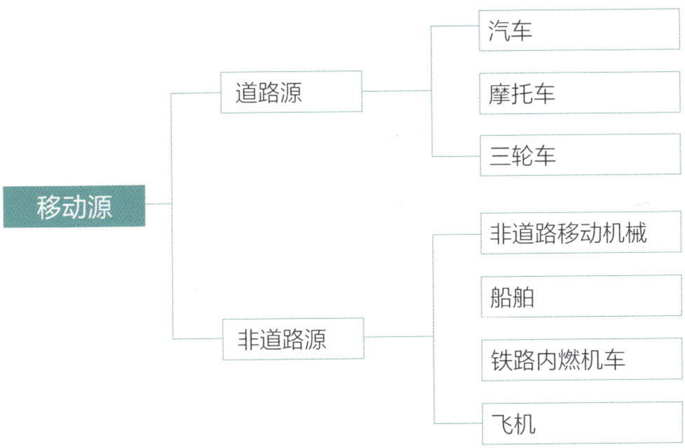

移动源按使用燃料类型分类

移动源按技术特征分类

	**轻型汽车：** 最大设计总质量不超过 3 500 kg 的汽车。
	**重型汽车：** 最大设计总质量大于 3 500 kg 的汽车。
	**摩托车：** 最大设计车速超过 50 km/h，发动机排量超过 50 ml 的两轮车、偏三轮和正三轮车。
	**轻便摩托车：** 最大设计车速不超过 50 km/h，发动机排量不超过 50 ml 的两轮车和三轮车。
	**三轮汽车：** 指最高设计时速小于等于 50 km/h 的，具有三个车轮的载货货车。
  	**非道路移动机械：** 所有不能上路行驶的以内燃机等为动力的，具有可移动特性的机械、设备。包括施工机械，如挖掘机、装载机、叉车、矿车等；农业机械，如拖拉机、收获机械等；林业机械，如营林机械、油锯等；机场地勤设备，如行李运输车、导航车、飞机牵引车；发电机组等。
	**船舶：** 泛指能够在水上移动的交通运输工具。我国船舶排放标准适用于内河船、沿海船、江海直达船、海峡（渡）船和渔业船舶。
	**铁路机车：** 牵引或推送铁路车辆运行，而本身不装载营业载荷的自推进车辆，俗称火车头。我国尚未制定排放标准。
	**飞机：** 指具有机翼、一台或多台发动机的靠自身动力驱动前进，能在太空或者大气中飞行，且自身的密度大于空气的航空器。

小知识

根据 GB 7258 的定义，汽车和摩托车的主要差别在于摩托车整车整备质量和外廓尺寸的限值。汽车和三轮汽车的主要差别在于三轮汽车的设计车速须小于等于 50 km/h。

目前，不同的法规标准对机动车船的分类方法是不一致的，如我国环保、公安和交通主管部门制定的不同标准对重型车定义的整车重量是不同的，美国排放标准和我国排放标准对重型车的定义也有很大差异。在实际工作中应注意，当执行某一标准时，应该优先参照本标准定义执行，当本标准中无相关定义时，可参考我国其他标准。

二、移动源产生哪些污染物？

移动源污染

- 大气污染物
- 噪声
- 电磁辐射

目前我国移动源环保管理的范畴包括两大类

移动源产生哪些大气污染物呢？

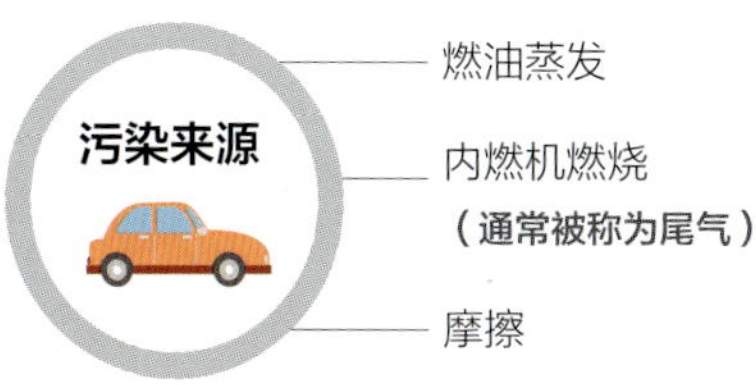

小知识

尾气排放即排气污染物，指发动机排气管排出的废气中由于不完全燃烧而产生的CO、HC、NO_x、SO_2、颗粒物等污染物。

蒸发排放物指燃油蒸气从油箱、燃料供给系、润滑系逸出而产生的有害油气，以及车内装饰和汽车上涂料产生的溶剂蒸气等，还包括曲轴箱通风孔溢出的有机物等有害物质(称为曲轴箱排放物)。

汽车行驶过程中，由于地面与轮胎之间的摩擦及刹车片摩擦造成的表面磨损，也会产生颗粒物污染。

目前一般来说，汽车排放污染物是指汽车的排气污染物、蒸发污染物（仅对汽油车）和曲轴箱排放物的总称。

移动源产生多少污染?

根据环境统计年报，2015 年全国工业氮氧化物（NO_x）排放量为 1 180.9 万 t。根据 2019 年《中国移动源环境管理年报》（以下简称“年报”）的统计结果，2018 年我国移动源排放 1 125 万 t NO_x。

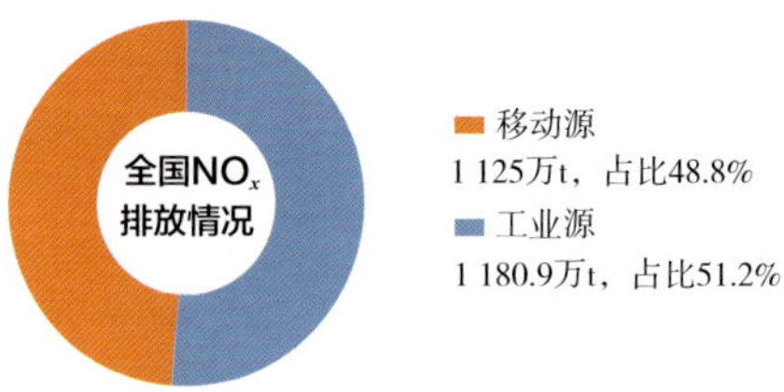

根据年报统计结果，2018 年全国机动车 NO_x 排放量为 562.9 万 t，非道路移动源 NO_x 排放量（含农用运输车）为 562.1 万 t，二者基本持平。

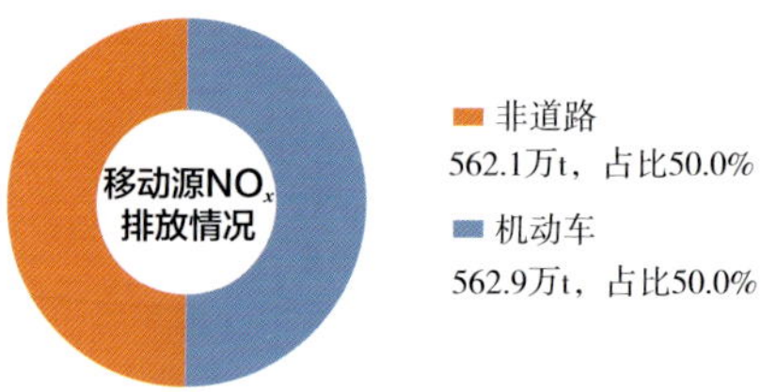

汽车 NO_x 排放量为 521.9 万 t，处于首要位置，其后依次是工程机械 175.3 万 t、农业机械 166.3 万 t、船舶 151.1 万 t。

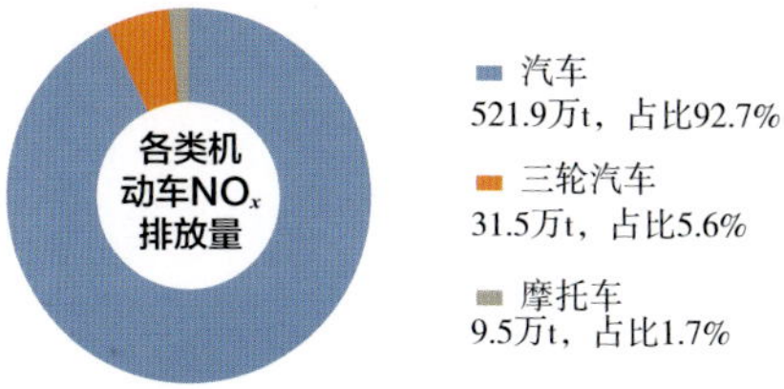

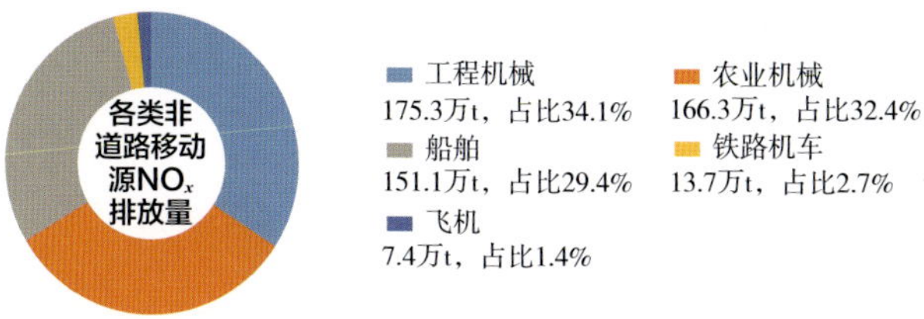

2018 年全国移动源碳氢化合物（HC）排放量为 445.0 万 t，其中机动车排放量为 368.8 万 t，非道路移动源排放量（含农用运输车）为 76.2 万 t。

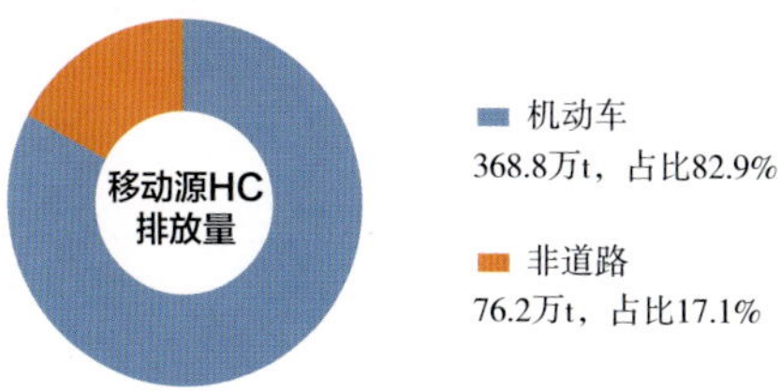

汽车 HC 排放量为 326.7 万 t，处于首要位置，其后依次是摩托车 30.8 万 t、工程机械 28.9 万 t、农业机械 25.9 万 t。

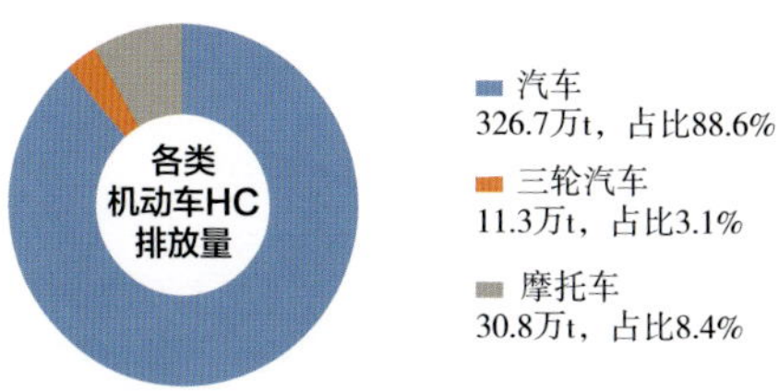

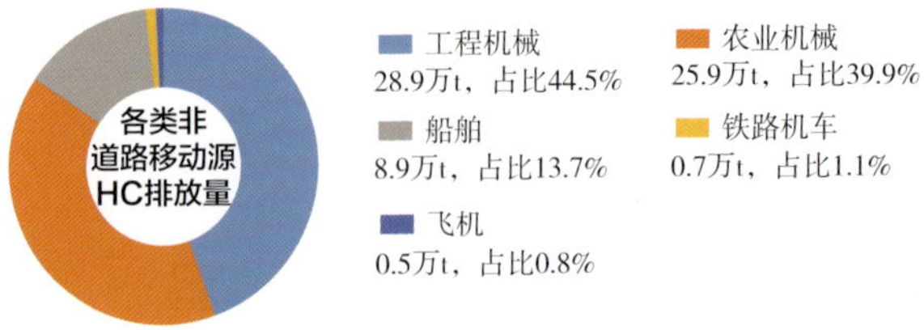

2018 年全国移动源颗粒物（PM）排放量为 88.7 万 t，其中机动车和非道路移动源排放量基本相当。

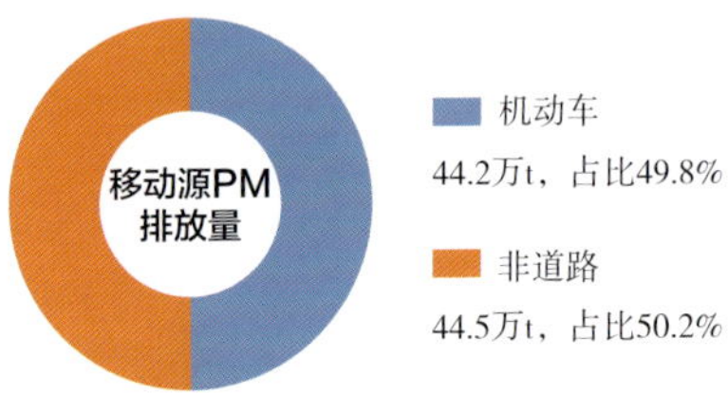

汽车 PM 排放量最高，为 42.2 万 t，其后依次是农业机械 18.9 万 t、工程机械 11.4 万 t、船舶 10.9 万 t。

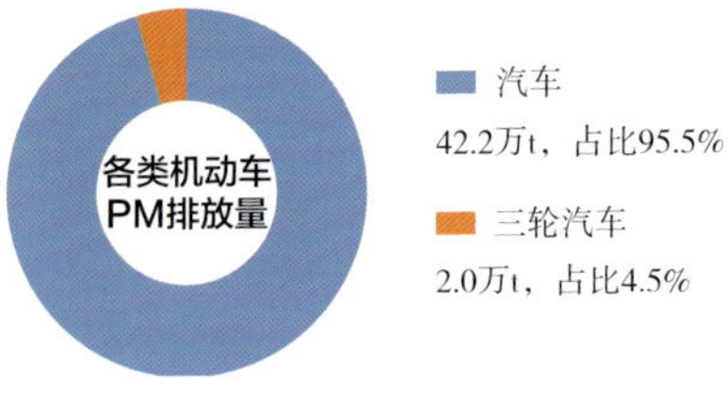

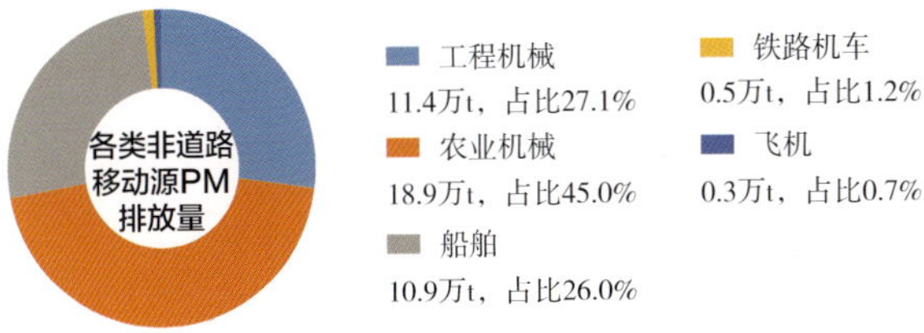

城市移动源排放贡献率

我国已经完成的第一批城市大气细颗粒物（$PM_{2.5}$）源解析结果：

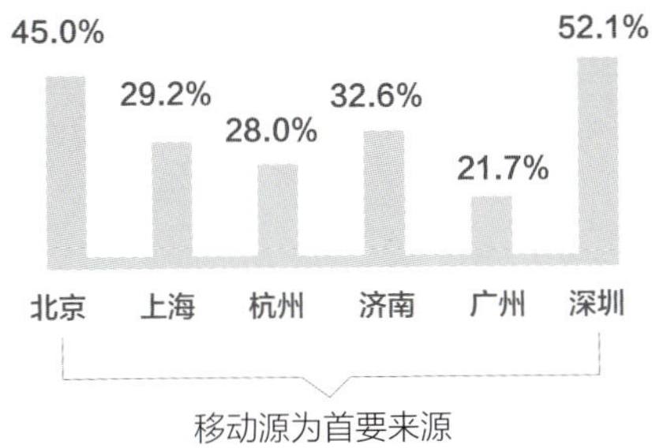

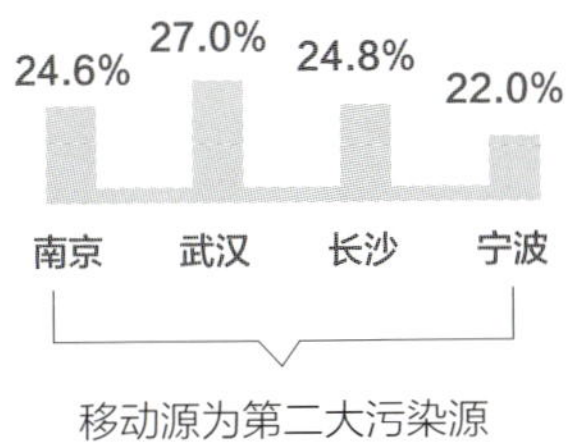

三、移动源污染物排放标准指什么？

众所周知，我国环境保护标准是指以保护环境为目的制定的标准。其中，污染物排放标准是为了实现环境质量的要求，对污染源排入环境的污染物质或各种有害因素所作的限制性规定。我国的机动车排放标准具有强制实施的法律效力。

移动源环保标准体系主要包括大气污染物排放标准和噪声控制标准，以及与其配套的其他环境保护标准（如设备技术要求、污染控制装置技术要求等）。燃油标准为产品标准，在我国由市场监督管理部门制定，但是燃油标准的及时出台和有效实施直接关系到排放标准的实施进程和效果。

四、新车标准和在用车标准有什么区别?

从标准的使用范围来看，国际上通常把机动车船分为新生产和在用两种情况分别制定排放标准，采取不同的检测手段和达标监管方法，从而实现全生命周期的监管。

新生产机动车船指制造厂合格入库或出厂的新产品(以下称新车)。在用机动车船指已经注册登记并取得号牌的道路车辆或

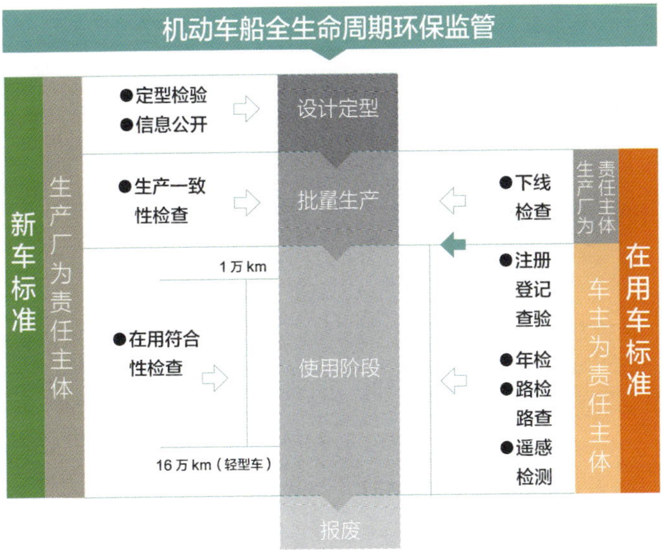

小知识

新车标准的作用是进行源头控制，从新车设计和生产质量上把关，是削减机动车污染物排放的根本所在。测试方法复杂、精度高，时间长、成本高。

在用车标准的作用是监督在用车辆的工作状况及排放控制装置是否正常发挥作用，及时发现排放超标的车辆，淘汰高排放车。测试方法相对简便易行、精度略低，时间短、成本低。

已经销售投入使用的非道路机动车船(以下称在用车)。

特别要说明的是，在用符合性要求和在用车管理要求存在差异，切不可混淆。下面以轻型车为例，列出了主要区别。

	在用符合性要求	在用车管理要求
依据标准	GB 18352	GB 18352、GB 3847、HJ 845—2017
责任主体	汽车生产或进口企业	汽车所有人
监管目的	确保车辆正常使用情况下，在一定寿命期内，排放状况符合新车设计要求	发现车辆污染控制装置严重失效问题，及时开展维修保养；淘汰高排放车辆
监管里程或时间范围	使用不超过 160 000 km（或 12 年,以先到为准）的车辆	从注册登记到报废前的车辆
监管方法	按 GB 18352 规定抽样检测	在用车年检、停放地检测、道路遥测
检测项目	尾气排放、燃油蒸发和 OBD 等	外观检查、尾气排放、燃油蒸发和 OBD 等
测试方法	工况法、RDE 法、密闭室法等	简易工况法、加载减速法、怠速法、自由加速烟度法、压力损失和泄漏流量测量等
排放限值要求	非常严格	宽松
实施监管的主体	省级及以上环保部门	各级环保部门
不达标情况处置	责令改正，没收违法所得，并处货值金额一倍以上三倍以下罚款，没收销毁无法达标的车辆等	年检：维修并复检； 路检：公安机关交通管理部门依法予以处罚

第二章　移动源排放标准有哪些

一、我国目前有哪些移动源污染物排放标准?

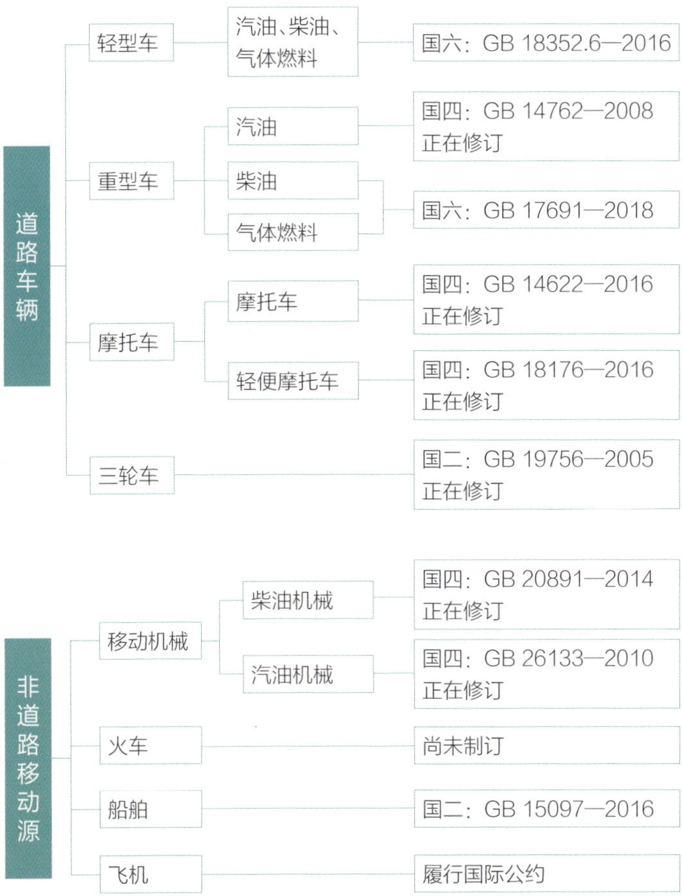

新生产机动车船排放标准体系图

在用机动车船排放标准体系图

我国已先后制定了30多项国家机动车船大气污染物排放标准，随着标准的不断更新和修订，目前正在实施或即将实施的国家标准共有20项。

根据使用情况分为新车标准和在用车标准，其中只针对新生产车辆的标准有 15 项，既适用于新生产车辆又适用于在用车辆的标准有 5 项。

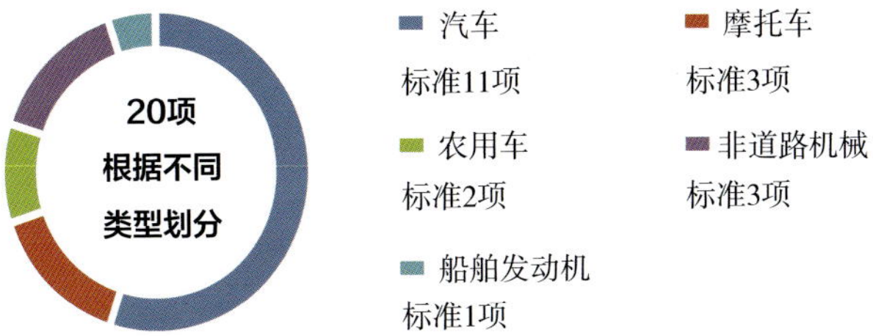

通常来说，移动源排放标准至少包括六方面重要内容：①控制对象，即标准的适用范围，须说明标准适用的移动源类型、燃料种类等；②控制项目，指需控制的污染物，一般包括排气污染物（指一氧化碳、碳氢化合物、氮氧化物和颗粒物等）、燃油蒸发污染物、曲轴箱污染物等；③测试方法和排放限值，任何测试方法都有局限性，为更全面地考察移动源的排放状况，标准往往采用多种测试方法，并分别制定污染物排放限值；④排放控制和监控等技术要求，如失效装置要求、车载诊断（OBD）系统要求等；⑤管理规定，如生产一致性和在用符合性检查的方法和要求、质保期规定等；⑥标准实施要求，通常规定了标准实施的时间和区域等。

本书总结了移动源大气污染物排放标准的标准名称、适用范围及受控污染物种类，详见下表。

移动源大气污染物排放标准

分类	序号	标准编号、名称	适用范围			受控污染物种类
			●新车 ●在用车	车辆类别	燃料类型	
汽车	1	GB 18352.3—2005 轻型汽车污染物排放限值及测量方法（中国 III、IV 阶段）*	●	轻型车	汽油、柴油、气体燃料	排气污染物：CO、HC、NO_x、PM 曲轴箱：HC 排放 燃油蒸发：HC 排放
	2	GB 18352.5—2013 轻型汽车污染物排放限值及测量方法（中国第五阶段）	●	轻型车	汽油、柴油、气体燃料	排气污染物：CO、THC、NMHC、NO_x、PM、PN 曲轴箱：HC 排放 燃油蒸发：HC 排放
	3	GB 18352.6—2016 轻型汽车污染物排放限值及测量方法（中国第六阶段）	●	轻型车	汽油、柴油、气体燃料	排气污染物：CO、THC、NMHC、NO_x、N_2O、PM、PN 排气污染物（实际行驶）：NO_x、PN、CO 曲轴箱：HC 排放 燃油蒸发：HC 排放 加油过程：HC 排放
	4	GB 17691—2005 车用压燃式、气体燃料点燃式发动机与汽车排气污染物排放限值及测量方式（中国 III、IV、V 阶段）	●	重型车	汽油、柴油、气体燃料	排气污染物：CO、HC、NO_x、PM、烟度

续表

<table>
<tr><th rowspan="2">分类</th><th rowspan="2">序号</th><th rowspan="2">标准编号、名称</th><th colspan="3">适用范围</th><th rowspan="2">受控污染物种类</th></tr>
<tr><th>●新车 ●在用车</th><th>车辆类别</th><th>燃料类型</th></tr>
<tr><td rowspan="4">汽车</td><td>5</td><td>GB 17691—2018　重型柴油车污染物排放限值及测量方法（中国第六阶段）</td><td>●</td><td>重型车</td><td>柴油、气体燃料</td><td>排气污染物：CO、THC、NMHC、CH_4、NO_x、NH_3、PM、PN、烟度
曲轴箱：HC排放</td></tr>
<tr><td>6</td><td>GB 14762—2008　重型车用汽油发动机与汽车排气污染物排放限值及测量方法（中国 III、IV 阶段）</td><td>●</td><td>重型车</td><td>汽油、柴油、气体燃料</td><td>排气污染物：CO、HC、NO_x</td></tr>
<tr><td>7</td><td>GB 14763—2005　装用点燃式发动机重型汽车燃油蒸发污染物排放限值及测量方法（收集法）</td><td>●</td><td>重型车</td><td>汽油、柴油、气体燃料</td><td>燃油蒸发：HC 排放</td></tr>
<tr><td>8</td><td>GB 11340—2005　装用点燃式发动机重型汽车曲轴箱污染物排放限值及测量方法</td><td>●</td><td>重型车</td><td>汽油、气体燃料</td><td>曲轴箱：HC排放</td></tr>
</table>

续表

分类	序号	标准编号、名称	适用范围			受控污染物种类
			●新车 ●在用车	车辆类别	燃料类型	
汽车	9	GB 20890—2007　重型汽车排气污染物排放控制系统耐久性要求及试验方法	●（新车）	重型车	汽油、柴油、气体燃料	排气污染物：CO、HC、NO_x、PM
	10	GB 18285—2018　汽油车污染物排放限值及测量方法（双怠速法及简易工况法）	●（新车）●（在用车）	轻型车和重型车	汽油、气体燃料	排气污染物（双怠速法）：CO、HC 排气污染物（稳态工况法）：CO、HC、NO_x 排气污染物（简易瞬态、瞬态工况法）：CO、HC、NO_x
	11	GB 3847—2018　柴油车污染物排放限值及测量方法（自由加速法及加载减速法）	●（新车）●（在用车）	轻型车和重型车	柴油	排气污染物（自由加速法，仅对无法用加载减速法进行测量的车辆）：光吸收系数或不透光度 排气污染物（加载减速法）：NO_x 排气污染物（林格曼法）：林格曼黑度

续表

分类	序号	标准编号、名称	适用范围				受控污染物种类
			新车	在用车	车辆类别	燃料类型	
摩托车	12	GB 14622—2016　摩托车污染物排放限值及测量方法（中国第四阶段）	●		摩托车	汽油、柴油、气体燃料	排气污染物（工况法）：CO、HC、NO_x 排气污染物（双怠速）：CO、HC 燃油蒸发：HC 排放
摩托车	13	GB 18176—2016　轻便摩托车污染物排放限值及测量方法（中国第四阶段）	●		轻便摩托车	汽油、气体燃料	排气污染物（工况法）：CO、HC、NO_x 排气污染物（双怠速）：CO、HC 燃油蒸发：HC 排放
摩托车	14	GB 14621—2011　摩托车和轻便摩托车排气污染物排放限值及测量方法（双怠速法）	●	●	摩托车和轻便摩托车	汽油	排气污染物：CO、HC
三轮车和低速货车	15	GB 19756—2005　三轮汽车和低速货车用柴油机排气污染物排放限值及测量方法（中国Ⅰ、Ⅱ阶段）	●		—	柴油	排气污染物：CO、HC、NO_x、PM

续表

分类	序号	标准编号、名称	适用范围			受控污染物种类
			●新车 ●在用车	车辆类别	燃料类型	
三轮车和低速货车	16	GB 18322—2002 农用运输车自由加速烟度排放限值及测量方法	● ●	—	柴油	排气污染物（自由加速法）：烟度（滤纸法）
非道路移动机械	17	GB 20891—2014 非道路移动机械用柴油机排气污染物排放限值及测量方法（中国第三、四阶段）	●	—	柴油	排气污染物：CO、HC、NO_x、PM
	18	GB 26133—2010 非道路移动机械用小型点燃式发动机排气污染物排放限值与测量方法（中国第一、二阶段）	●	—	汽油	排气污染物：CO、HC、NO_x
	19	GB 36886—2018 非道路柴油移动机械排气烟度限值及测量方法	● ●	—	柴油	排气污染物：光吸收系数或林格曼黑度
船舶发动机	20	GB 15097—2016 船舶发动机排气污染物排放限值及测量方法(中国第一、二阶段）	●	—	柴油、气体燃料	排气污染物：CO、HC、NO_x、CH_4、PM

注：* GB 18352.3—2005 等标准中关于在用符合性要求目前仍有效。

二、还有哪些标准配套排放标准实施？

我国还发布了一系列与机动车排放控制相关的环境保护标准，以辅助排放标准的有效实施，下表列出了其中 15 项比较主要的标准。

其他机动车环境保护标准表

序号	标准编号、名称	作用
1	HJ 500—2009　轻型汽车车载诊断（OBD）系统管理技术规范	补充 GB 18352.3—2005 的新要求
2	HJ 689—2014　城市车辆用柴油发动机排气污染物排放限值及测量方法（WHTC 工况法）	补充 GB 17691—2005 的新要求
3	HJ 439—2008　车用压燃式、气体燃料点燃式发动机与汽车在用符合性技术要求	补充 GB 17691—2005 国四以后的新要求
4	HJ 438—2008　车用压燃式、气体燃料点燃式发动机与汽车排放控制系统耐久性技术要求	补充 GB 17691—2005 国四以后的新要求
5	HJ 437—2008　车用压燃式、气体燃料点燃式发动机与汽车车载诊断 (OBD) 系统技术要求	补充 GB 17691—2005 国四以后的新要求
6	HJ/T 396—2007　点燃式发动机汽车瞬态工况法排气污染物测量设备技术要求	GB 18285—2005 规定的设备要求
7	HJ/T 395—2007　压燃式发动机汽车自由加速法排气烟度测量设备技术要求	GB 3847—2005 规定的设备要求
8	HJ/T 292—2006　柴油车加载减速工况法排气烟度测量设备技术要求	GB 3847—2005 规定的设备要求
9	HJ/T 291—2006　汽油车稳态工况法排气污染物测量设备技术要求	GB 18285—2005 规定的设备要求
10	HJ/T 290—2006　汽油车简易瞬态工况法排气污染物测量设备技术要求	GB 18285—2005 规定的设备要求
11	HJ/T 289—2006　汽油车双怠速法排气污染物测量设备技术要求	GB 18285—2005 规定的设备要求

续表

序号	标准编号、名称	作用
12	HJ/T 241—2005 确定压燃式发动机在用汽车加载减速法排气烟度排放限值的原则和方法	辅助 GB 3847—2005 实施
13	HJ/T 240—2005 确定点燃式发动机在用汽车简易工况法排气污染物排放限值的原则和方法	辅助 GB 18285—2005 实施
14	HJ 845—2017 在用柴油车排气污染物测量方法及技术要求（遥感检测法）	控制实际道路行驶在用柴油车排放
15	HJ 857—2017 重型柴油车、气体燃料车排气污染物车载测量方法及技术要求	控制重型车整车排放

三、车用燃料标准具体有哪些？

车用燃料是机动车环境管理的重要内容，对机动车排放的影响随着排放标准的提升日益凸显。尽管新能源汽车发展日益加快，但未来相当长一段时间内，传统化石燃料（汽油和柴油）仍是车用燃料的主要来源。所以，改善汽油和柴油的品质，仍是机动车环境管理的重要手段。

目前，我国车用燃料环境管理范围包括汽油（含车用乙醇汽油）、柴油（含车用柴油、普通柴油、船用燃料油和生物柴油）、油气回收等。

截至目前，我国正在执行的车用燃料相关标准见下表。

相关燃料标准

燃料类型	标准名称
汽油标准	GB 17930—2016 车用汽油 GB 18351—2017 车用乙醇汽油（E10） GB 22030—2017 车用乙醇汽油调合组分油 GB 23799—2009 车用甲醇汽油（M85） GB/T 23510—2009 车用燃料甲醇

续表

燃料类型	标准名称
柴油标准	GB 19147—2016 车用柴油 GB 252—2015 普通柴油 GB 25199—2017 B5 柴油 GB 17411—2015 船用燃料油
油气排放控制标准	GB 20950—2007 储油库大气污染物排放标准 GB 20951—2007 汽油运输大气污染物排放标准 GB 20952—2007 加油站大气污染物排放标准 GB 50759—2012 油品装载系统油气回收设施设计规范
清净剂标准	GB 19592—2004 汽油清净剂 GB 32859—2016 柴油清净剂
氮氧化物还原剂标准	GB 29518—2013 柴油发动机氮氧化物还原剂尿素水溶液

从技术上来说，车用汽油的发展方向是无硫化及降低烯烃、芳烃和夏季蒸气压值；车用柴油的发展方向是无硫化、提高十六烷值和降低多环芳烃含量。同时，乙醇汽油和生物柴油作为我国发展替代能源、减少原油依赖的重要措施，已在多个地区得到推广，其对环境的影响也应着重关注。

四、移动源噪声排放标准有哪些？

为控制移动源噪声污染，生态环境部还发布了一系列噪声排放控制标准。其中，汽车、摩托车、三轮汽车和低速货车是主要的交通运输噪声源。对于噪声的控制略晚于大气排放标准，但截至目前也已有 20 多年的历史，经过多次标准修订，已经形成一套相对完整的移动源噪声排放标准。对于新车，控制加速行驶噪声，对于在用车，控制定置噪声。

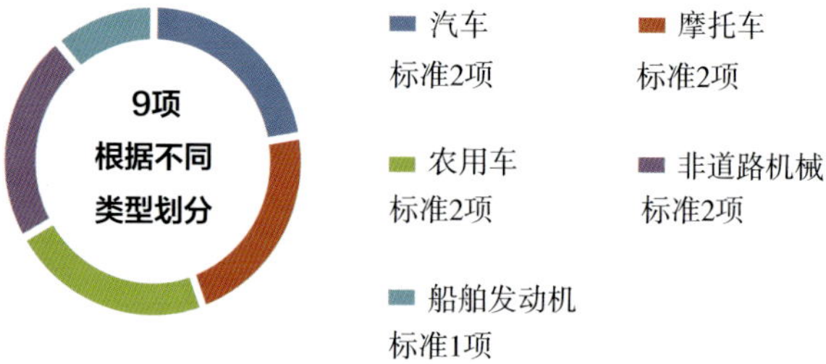

现行有效的移动源噪声排放标准表

分类	序号	标准名称	标准编号
汽车	1	汽车定置噪声限值	GB 16170—1996
	2	汽车加速行驶车外噪声限值及测量方法	GB 1495—2002
摩托车	3	摩托车和轻便摩托车加速行驶噪声限值及测量方法	GB 16169—2005
	4	摩托车和轻便摩托车定置噪声限值及测量方法	GB 4569—2005
三轮汽车和低速货车	5	三轮汽车和低速货车加速行驶车外噪声限值及测量方法（中国Ⅰ、Ⅱ阶段）	GB 19757—2005
	6	农用运输车　噪声限值	GB 18321—2001
非道路移动机械	7	全地形车加速行驶噪声限值及测量方法	GB 24929—2010
	8	城市轨道交通列车噪声限值和测量方法	GB 14892—2006
船舶发动机	9	船用柴油机辐射的空气噪声限值	GB 11871—2009

小知识

加速行驶噪声即加速行驶状态下发动机产生的噪声，以及轮胎与地面摩擦和气流与车身“碰撞”摩擦产生的噪声总和；

定置噪声即车辆不行驶，离合器为空挡状态，发动机运转时产生的噪声和排气噪声。

第三章　移动源排放标准实施进程是怎样的

一、我国移动源标准发展历程

我国自 1983 年发布第一项汽车排放标准以来，在 30 多年的实践中，移动源环保标准和污染防治工作同步发展，在产品覆盖范围、排放控制要求和达标监管制度建设方面不断完善，可以归纳为三个发展阶段。

第一阶段是机动车污染控制起步阶段（1983—1998 年），排放标准采用怠速法和强制装置法控制排放污染，实施主体主要是国家汽车行业主管部门和地方政府。

第二阶段为移动源污染控制加快推进阶段（1999—2015 年），以淘汰含铅汽油、汽油车全面采用电喷加三元催化转化技术为标志性起点，伴随着燃油低硫化进程，汽车排放标准从国一前跨越到国四水平；标准体系逐步完善，制定和实施了摩托车、三轮汽车和非道路移动机械等排放标准；形成环保型式核准和生产一致性检查制度；以总量控制工作为抓手，促进各地政府和环保部门完善新车注册环节环保检验；在用车实施标志管理，划定高排放车控制区，鼓励高污染老旧车提前淘汰；加快燃油清洁化进程。

自 2016 年进入第三阶段，即移动源污染控制创新发展阶段。汽车排放控制水平基本与国际先进水平接轨，排放标准制修订工作开始关注实际排放，并建立具有中国特色的监测方法和管理制度，对新车准入创新性实施信息公开制度；汽车国六标准的制定，测试要求适合我国国情，控制水平严于欧六标准；逐步强化对非道路移动机械和船舶的环保监管；生态环境部初步完成“天—地—车—企”全方位达标监管体系的建立。

二、我国移动源污染物排放标准实施进程图

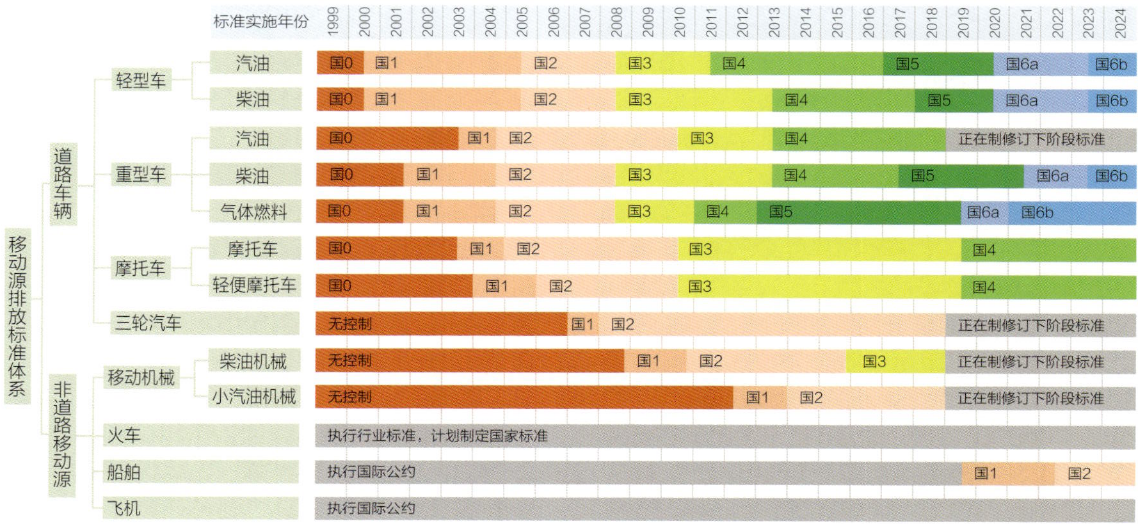

三、各阶段汽车排放标准实施时间表

排放阶段		国一	国二	国三	国四	国五		国六	
轻型汽车		生产一致性	生产一致性	制造和销售	制造和销售	销售和注册登记(东部11省市)	销售和注册登记（全国）	销售和注册登记（6a）	销售和注册登记（6b）
	汽油	第一类: 2000-07-01 第二类: 2001-10-01	第一类: 2005-07-01 第二类: 2006-07-01	2008-07-01 (第一类汽油车加OBD: 2009-07-01)	2011-07-01	2016-04-01 （提前一年九个月）	2017-01-01 （提前一年）	2020-07-01	2023-07-01
	柴油	第一类: 2000-07-01 第二类: 2001-10-01	第一类: 2005-07-01 第二类: 2006-07-01	M类: 2008-07-01; N类: 2009-07-01 （推迟一年）	2013-07-01 （推迟两年）	客车: 2016-04-01 （提前一年九个月）	2018-01-01	2020-07-01	2023-07-01
重型汽车及发动机		生产一致性	生产一致性	注册登记 销售和使用	注册登记 销售和使用	销售和注册登记(东部11省市)	销售和注册登记（全国）	销售和注册登记（6a）	销售和注册登记（6b）
	柴油	2001-09-01	2004-09-01	2008-07-01 （增加半年销售库存）	2013-07-01 （推迟两年半） WHTC: 2015-01-01	公交、环卫、邮政用途: 2016-04-01 (推迟三年三个月)	客车和公交、环卫、邮政用途: 2017-01-01 （推迟四年）; 所有:2017-07-01 （推迟四年半）	城市车辆: 2020-07-01 所有: 2021-07-01	2023-07-01
	气体燃料	2001-09-01	2004-09-01	2008-07-01 （增加半年销售库存）	2011-01-01	2013-01-01		2019-07-01	2021-01-01
	汽油	2003-07-01	2004-09-01	2010-07-01	2013-07-01				

四、其他移动源排放标准实施时间表

排放阶段		国一	国二	国三	国四
摩托车和轻便摩托车		生产一致性	生产一致性	制造、销售和注册登记	生产一致性
	两轮摩托车	2003-07-01	2005-01-01	2010-07-01（推迟一年）	2019-07-01
	三轮摩托车	2003-07-01	2005-01-01	2010-07-01（推迟两年）	2019-07-01
	轻便摩托车	2004-01-01	2006-01-01	2010-07-01（推迟一年）	2019-07-01
三轮车		制造和销售	制造和销售		
		2007-01-01	2008-01-01		
非道路移动机械（柴油发动机）		制造和销售	制造和销售	制造和销售	
		2008-10-01	2010-10-01	发动机：2015-10-01； 工程机械等：2016-04-01； 农业机械：2016-12-01	
非道路机械（小型点燃发动机）		制造和销售	制造和销售		
	非手持式	2012-03-01	2014-01-01		
	手持式	2012-03-01	2016-01-01		
船舶		销售和投入使用	销售和投入使用		
		2019-07-01	2022-07-01		
		船机大修和更换船机			
		2019-07-01			